Sebastian Behr

Das elektrische Leitungsnetz im liberalisierten Strommarkt

GRIN Verlag

Bibliografische Information der Deutschen Nationalbibliothek:

Die Deutsche Bibliothek verzeichnet diese Publikation in der Deutschen National-
bibliografie; detaillierte bibliografische Daten sind im Internet über http://dnb.d-
nb.de/ abrufbar.

Impressum:

Copyright © 2009 GRIN Verlag GmbH
Druck und Bindung: Books on Demand GmbH, Norderstedt Germany
ISBN: 978-3-640-36815-0

Dieses Buch bei GRIN:

http://www.grin.com/de/e-book/130954/das-elektrische-leitungsnetz-im-liberalisier-
ten-strommarkt

Friedrich-Schiller-Universität Jena   WiSe 2008/09

Institut für Geographie

GEO 421: „Wirtschaft & Raum A"

Das elektrische Leitungsnetz im liberalisierten Strommarkt

Seminararbeit

vorgelegt von:

Sebastian Behr

Studiengang: Geographie (M.Sc.)

Semester: 8

Abgabedatum: 24.02.2009

Inhaltsverzeichnis

1 Einleitung

1.1 Problemdarstellung

Jahrzehnte waren Infrastrukturdienste in Deutschland gesetzlich geschützte Monopole, um ein „universelles und kontinuierliches Angebot an Leistungen bereitzustellen" (SCHEELE 2007:35, 41). Dies wiederum führte zur „Universalisierung der Infrastrukturdienste" (MONSTADT 2007:18). Wurden erst nur Städte und Industriegebiete an das elektrische Leitungsnetz angeschlossen, so änderte sich dies durch die „politische Intervention" in Richtung Förderung von „elementaren Infrastrukturgütern" der ländlichen und ärmeren Regionen (EBD.:18). Diese „Infrastrukturleistungen" machten die Urbanisierung in der uns bekannten Form möglich (EBD. 2008:187).

Nach dieser Expansionsphase setzte die Regressionsphase ein (EBD. 2007:19 & 2008:187). Ineffizienz, Innovationsmüdigkeit, Finanzknappheit nahmen in den öffentlichen Unternehmen zu (SCHEELE 2007:43f.). Das elektrische Leitungsnetz veraltete und wurde marode. Seit Ende der 1970er Jahre gingen weltweit Staaten über, ihre aufgebauten Infrastrukturdienste zu privatisieren und die Märkte zu öffnen (SCHEELE 2007:37, 48 & MONSTADT 2007:19). Dadurch erhofften sich die Staaten eine Verringerung der Haushaltsprobleme (SCHEELE 2007:43f.).

Der Paradigmenwechsel begann in Deutschland am 29. April 1998. Das „Gesetz zur Förderung der Energiewirtschaft", aus dem Jahre 1935, wurde durch das novellierte Energiewirtschaftsgesetz (EnWG) abgelöst (MONSTADT & NAUMANN 2003:5 & 9). Bei der europäischen Ratssitzung zu Lissabon (‚Lissabon-Strategie') im März 2000 wurde angestrebt, dass die EU bis 2010 zum „wettbewerbsfähigsten und dynamischsten wissensbasierten Wirtschaftsraum der Welt", durch unter anderem der „Öffnung bisher abgeschirmter und geschützter Sektoren" (SCHEELE 2007:39) wird. Die Annahme war, dass bei der Bereitstellung der Stromversorgung an Privatunternehmen, die darin verknüpften Ziele besser erreicht werden können (EBD.:36) sowie ein „diskriminierungsfreier Markt" (BNETZA 2008a:5) entsteht. Dies gilt es anhand des elektrischen Leitungsnetzes zu untersuchen.

Insofern steht im Mittelpunkt dieser Ausarbeitung die Liberalisierung der wirtschaftlichen Vorschriften des Energiesektors und damit einhergehend die Reform im elektrischen Leitungsnetz. In wieweit konnten überhaupt die wirtschaftlichen Bestimmungen des elektrische Leitungsnetz liberalisiert werden? Inwieweit bleibt ein staatlicher Einfluss bestehen? Welche Investitionen werden nach der Liberalisierung am elektrischen Leitungsnetz getätigt?

Aus diesen Teilfragen wird im folgenden Abschnitt eine Leitfragestellung für diese Ausarbeitung gestellt.

1.2 Fragestellung

Aus dem Eingangs erwähnten Paradigmenwechsel vom gesetzlich geschützten Energiesektor hin zu einem liberalisierten Energiemarkt und der Zielstellung einer fundierten Recherche über das elektrische Leitungsnetz im liberalisiertem Markt, ergibt sich für diese Ausarbeitung folgende Fragestellung:

Welche Effekte hat die Liberalisierung der wirtschaftlichen Bestimmungen des Energiesektors auf das elektrische Leitungsnetz?

Die unterschiedlichen Aspekte der Fragestellung wurden in der Einleitung aufgezeigt. Im theoretischen Abschnitt der Ausarbeitung wird auf die Liberalisierung der Regeln im Energiesektor eingegangen, um im praktischen Teil eine Analyse des elektrischen Leitungsnetzes durchzuführen und die gegebene Fragestellung zu klären.

1.3 These

Ausgangspunkt dieser Ausarbeitung bilden „theoretische Wissensbestände" aus vorangegangenen empirisch Arbeiten (FLICK 2006:68). Die folgenden Thesen sollen eine Vorstellung zum Forschungsthema geben und sind nach den Regeln der Operationalisierung im Forschungsverlauf zu klären (ATTESLANDER 1993[7]:64ff.). Aus der Fragestellung heraus bilden sich folgende Thesen für diese Ausarbeitung:

- Der Prozess der Liberalisierung führte zu einer vollständigen Entflechtung des Stromsektors
- Das elektrische Leitungsnetz wird unter marktwirtschaftlichen Bestimmungen betrieben
- Die erwähnte Problematik der Ineffizienz, Innovationsmüdigkeit und Finanzierungsknappheit aufgrund der Monopolstellung der Netzbetreiber sind behoben
- Der Zugang zum elektrischen Leitungsnetz wird jedem interessierten Stromversorger diskriminierungsfrei gewährt

2 Die Liberalisierung im Energiesektor

2.1 Begriffsbestimmungen

2.1.1 Liberalisierung – Privatisierung – Deregulierung

Die verwendeten Termini sind im Kontext der Regulierung einzuordnen. Regulierung meint den „staatlichen Eingriff in einen Industriesektor, der auf die Abminderung der gesellschaftlich unerwünschten Effekte einer Monopolsituation [...] abzielt" (LIEB-DOCZY 2006:5). Ein regulativer Eingriff in den Markt ist nur zu rechtfertigen, wenn Marktversagen und einhergehende Ineffizienz lokalisierbar sind.

Liberalisierung in diesem Kontext wird als die Öffnung von der gesetzlich geschützten Monopolstellung des Strommarktes „über die Beseitigung von Marktzutrittsbarrieren" (KLUGE & SCHEELE 2003:13) sowie „die Einführung von Wettbewerb innerhalb dieser Branche" (SCHEELE 2007:42) verstanden. Oft werden im Kontext der Liberalisierung die Termini Privatisierung und Deregulierung verwendet.

Privatisierung meint die Übergabe der staatlichen oder kommunalen Kontrollfunktion an private Akteure (MONSTADT & NAUMANN 2003:7, 15). Jedoch bleiben weiterhin Anteile in der öffentlichen Hand, beziehungsweise es wird versucht die Mehrheit der Anteile beizubehalten (SCHEELE 2007:42). Privatisierung meint im Gegensatz zur Liberalisierung „nur die Umwandlung öffentlicher [Unternehmen] in privatwirtschaftliche Unternehmen" (KLUGE & SCHEELE 2003:13).

Von Deregulierung wird gesprochen, wenn der Staat den Einfluss auf die Wirtschaft mindert. Der Staat gibt jedoch nicht die vollständige Steuerung ab (SCHEELE 2007:42).

2.1.2 Elektrizitätsübertragungsnetz

Das elektrische Leitungsnetz und die damit verknüpfte leitungsgebundene Energieversorgung gehört traditionell zum Sektor der „marktfern[en] bzw. staatsnah[en]" (MONSTADT & NAUMANN 2003:7) Unternehmen. Es fungiert als Bindeglied zwischen Stromerzeugung und Endverbraucher (KELLER 2005:34) (Abb.1).

Das elektrische Leitungsnetz untergliedert sich nach Spannung und Funktion in zwei Teilbereiche (Abb.1).

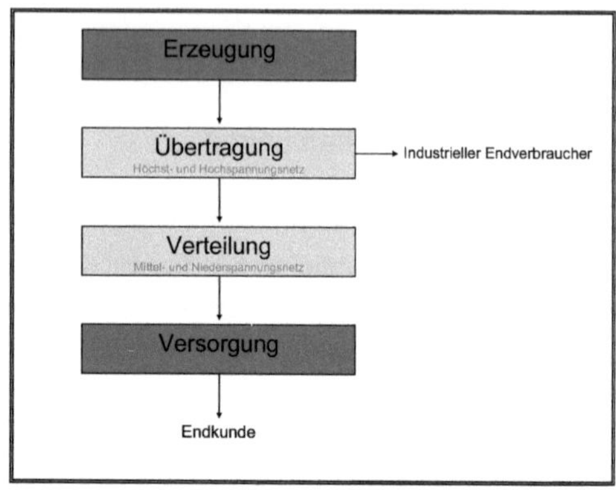

Abb. 1: Der Energiesektor entlang der Wertschöpfungskette (Geändert nach KELLER 2005:34 & 41, STRAUB 2005:9)

Erstens in die ‚Übertragung' beziehungsweise den Stromtransport, welcher über das Höchst- (220 oder 380kV) und Hochspannungsnetz (50 bis 150kV) zum regionalen Verteiler oder industriellen Endverbraucher geleitet wird (STRAUB 2005:8). In Deutschland gibt es derzeitig vier Übertragungsnetzbetreiber (ÜNB), welche zumeist die Höchst- und Hochspannungsleitungen unterhalten (BNETZA 2008a:4) (siehe Kapitel 3.1).

Zweitens wird unter ‚Verteilung' in diesem Kontext „der Transport von Elektrizität mit mittlerer [(6 bis 30kV)] oder niedriger [(230 bis 690kV)] Spannung über Verteilernetze zum Zwecke der Stromlieferung an Endverbraucher oder [weiteren] Verteiler[n]" (STRAUB 2005:9) verstanden. Es dient somit der Sicherstellung von Elektrizität für die Endverbraucher. Die Verteilernetzbetreiber (VNB) sind für den sicheren Betrieb des Mittelspannungs- sowie Niederspannungsnetzes verantwortlich (EnWG §2 Abs.2) und wirken vor allem in regionaler Ebene.

Das Höchstspannungsnetz (HöS) umfasst die meisten westeuropäischen Staaten und dient der Übertragung des in Großkraftwerken hergestellten Stroms. Das Hochspannungsnetz (HS) wird von Verbundunternehmen betrieben und versorgt die Ballungszentren sowie Industrien. In regionaler Ebene dient das Mittelspannungsnetz (MS) und wird an Transformatorstationen in das Niederspannungsnetz (NS) verteilt. Die elektrische Energie im lokalen Netz wird bis zum Endverbraucher an die Steckdose runter transformiert (MONSTADT & NAUMANN 2003:61).

Die Netznutzung wird über die physikalischen Einheiten der elektrischen Leistung – Watt – sowie der elektrischen Arbeit (Leistung und Zeitperiode) – Watt/Stunde – gemessen (KELLER 2005:30).

Das elektrische Leitungsnetz dient zusammenfassend als Übertragungsmedium für elektrische Energie und zur Entnahme für die Nutzung dieser durch den Endverbraucher.

2.2 Die Liberalisierung des Energiesektors

Im EnWG von 1935 war das Gebietsmonopol gesetzlich verankertes. Der Staat regulierte die Preise und stellte ein kontinuierliches Energieangebot bereit (BNETZA 2008b:o.A.). Die Monopolstellung wurde vor allem durch die „technischen und ökonomischen Besonderheiten" gerechtfertigt sowie zur Umsetzung politischer Ziele verwendet (MONSTADT & NAUMANN 2003:7). Eine wesentliche Meinung war, dass es bei einem liberalen Energiemarkt zwischen Netzbetreibern zu „Doppelungen von Investitionen" kommen wird. Darüber hinaus sind der Bauund die Unterhaltung des Netzes wirtschaftlich unrentabel („irreversiblen Kosten"). Somit wurde ein „Marktversagen" unterstellt und die Meinung verbreitet, dass „ein ausschließlich kostenorientierter Wettbewerb [...] die sichere und preisgünstige Versorgung [gefährde] und soziale [sowie] regionale Ungerechtigkeiten" begünstigt (SCHNEIDER 1999:76f. zit. in MONSTADT & NAUMANN 2003:8).

Jedoch manifestierten sich zunehmend, aufgrund von überhöhten Energiepreisen, exorbitanter Gewinne, Überkapazitäten, geringer Ressourceneffizienz, niedriger Innovationsdruck, niedrigem Dienstleistungsniveau, hohem Bürokratiestau und Umweltunverträglichkeit, Fehlentwicklungen des monopolisierten Energiesektors (MONSTADT & NAUMANN 2003:12ff.). Bereits in den 1980er Jahren wurden in der europäischen Kommission erste Grundkonzeptionen für einen europäischen Energiebinnenmarkt erarbeitet. Damit waren Bestrebungen verbunden, welche einen einheitlichen Ordnungsrahmen für den „leitungsgebundenen Energiemarkt" in der europäischen Union postulierten (FLACH 2005:o.A.). 1997 wurde schließlich die Binnenmarktrichtlinie „Elektrizität" verabschiedet, welche darauf zielt „eine Harmonisierung der heterogenen energiewirtschaftlichen Systeme innerhalb der EU herbeizuführen und die Voraussetzung eines freien Verkehrs von Elektrizität innerhalb und zwischen den Mitgliedstaaten zu fördern" (MONSTADT & NAUMANN 2003:18). Diese EU-Richtlinie 96/92/EG (Binnenmarktrichtlinie „Elektrizität") wurde in das novellierte EnWG vom 29. April 1998 übertragen, welches „die Öffnung des Marktes für leitungsgebundene Energie" (BNETZA 2008b:o.A.) in Deutschland verfolgt sowie die Lieferung von Energie an alle interessierte Anbieter ermöglicht (FLACH 2005:o.A.).

Mit der Richtlinie 2003/54/EG (26. Juni 2003) wird eine beschleunigte Umsetzung der Liberalisierung der wirtschaftlichen Bestimmungen des Energiesektors zur „Schaffung von einheitlichen Wettbewerbsbedingungen" (BNETZA 2008b: o.A.) im novellierten EnWG vom 13. Juli 2005 verfolgt. Diese Erweiterung wurde notwendig, da die „Wettbewerbsintensität" gering blieb. Eine Folge der Ausdehnung des EnWG ist die Gründung der Bundesnetzagentur (BNetzA). Sie fungiert als Regulierungsbehörde und ist „ausgestattet mit umfangreichen Vollmachten zur Genehmigung der Netzentgelte und zur Ausgestaltung der Marktzugangsregelungen" (BNE 2007: o.A.). Des Weiteren sollen die Verteilernetzbetreiber, welche zu einem „vertikal integrierten Unternehmen" gehören ‚entbündelt' werden – ‚unbundling'. Sprich, bei „Unternehmen oder eine Gruppe von Unternehmen [...] [welche] mindestens eine der Funktionen Übertragung oder Verteilung und mindestens eine der Funktionen Erzeugung von oder Versorgung mit Elektrizität wahrnimmt", werden entflechtet (EK 2004:2f).

Die vollständige Öffnung des Strommarktes – durch die EU festgelegt – fand am 01.07.2007 statt (EP 2008:2).

Zusammenfassend werden bei der Liberalisierung der wirtschaftlichen Bestimmungen des Energiesektors, staatliche Energiekonzerne wettbewerbsfördernd entbündelt sowie für den Wettbewerb mit unterschiedlichen Anbieter geöffnet. Im weiteren Verlauf wird auf die BNetzA und somit auf das elektrische Leitungsnetz in Beziehung zum liberalisierten Strommarkt eingegangen.

2.3 Die Liberalisierung und das elektrische Leitungsnetz

Ein wichtiger Punkt der Liberalisierung der wirtschaftlichen Bestimmungen des Energiesektors ist der „diskriminierungsfreie" (ERDMANN 2004:10) Netzzugang. Danach sind die Netzbetreiber verpflichtet gegen ein „Durchleitungsentgelt" allen Stromanbietern den Stromtransport durch das elektrische Leitungsnetz zu ermöglichen (FLACH 2005:o.A.).

Deutschland war das einzigste EU-Land, welches zunächst den Weg des „verhandelten Netzzugangs" wählte. Dies gewährte den Energieversorgern die Bedingungen für die Nutzung ihrer Netze durch Dritte selbst auszuhandeln. Jedoch kam es zu keinem funktionierenden Wettbewerb. Neue Stromanbieter blieben nicht standhaft und die Diskriminierungsfreiheit war nur bedingt gegeben (siehe Kapitel 2.4) (BNETZA 2007:2).

Folglich wurden in der Richtlinie 2003/54/EG der regulierte Netzzugang und die Gründung einer unabhängigen Regulierungsbehörde festgelegt. In Deutschland gilt diese Regelung nur für Netzbetreiber mit über 100.000 Kunden und deren Leitungsnetz über ein Bundesland hinausreicht (EBD.:3). Somit verbleibt das Übertragungs- sowie Verteilernetz in einem natürlichen, aber reguliertem Monopol, da es „wegen des fehlenden Instrumentes der potentiellen Konkurrenz nicht dem Wettbewerb unterliegt" (EBD., vgl. KELLER 2005:41 Tab. 2.5). Die Regulierung verhindert die „missbräuchliche Ausnutzung der Monopolstellung der Netzbetreiber" damit der wettbewerbliche, diskriminierungsfreie Netzzugang gewährleistet werden kann. Das elektrische Leitungsnetz bleibt auch nach der Liberalisierung „Gemeinwohlinteresse" (ERDMANN 2004:10).

Der Anreiz zur Investition ins Netz wird nur durch die kalkulierten Netzentgelte möglich (EBD.). Daher soll ab 2009 das System der Anreizregulierung zu mehr Wettbewerb beim elektrischen Leitungsnetz führen. Hierbei wird eine Obergrenze der Erlöse für jeden Netzbetreiber festgelegt. Die Netzbetreiber sollen zu mehr Effizienz und Kostensenkungen sowie zur Erhöhung der Netzausbautätigkeiten angetrieben werden (BNETZA 2007:10f., LIEB-DOCZY 2006:6).

Es wurde aufgezeigt, dass der Transport über das elektrische Leitungsnetz und das elektrische Leitungsnetzes selbst natürliche Monopole sind und somit einer Regulierung bedürfen. Die Regulierungsbehörde BNetzA greift daher in diese Teilbereiche ein (KELLER 2005:42). Die BNetzA hat somit folgende Aufgaben:
- Regelung des Netzzuganges
- Entflechtung vertikaler Betriebsstrukturen
- Entgeltkontrolle zur diskriminierungsfreien Netznutzung (BNETZA 2007:4).

2.4 Auswirkung sowie kritische Auseinandersetzung der Liberalisierung

Nach dem aktuellen Monitoringbericht der BNETZA (2008:9) gibt es derzeitig sowie in den letzten Jahren vier ÜNB, welche aus den vor der Liberalisierung acht Stromanbieter fusionierten. Somit konnte eine Oligopolisierung nicht aufgehalten werden (SCHWINTOWSKI 2003:40). Zum Beispiel verfügen E.ON und RWE zusammen über 60% des HöS und die Hälfte des MS. Dadurch wird der Wettbewerb im elektrischen Leitungsnetz von den ÜNB kontrolliert (EBD.:41). Gesamt betrachtet gibt es keine „Einflusssphären" zwischen den ÜNB. Jeder besitzt ein monopolistisches Versorgungsgebiet in Deutschland (siehe Kapitel 3.1) (EBD.). Zudem sind die ÜNB vertikal integrierte Unternehmen, welche Erzeugung, Netz und Vertrieb unter einem Dach führen. Dies birgt das Risiko der Bevorzugung eigener Sub- beziehungsweise Schwesterunternehmen gegenüber Drittanbietern (BNETZA 2007:4). Die angestrebte funktionale Entflechtung (‚unbundling') ist weitestgehend nicht umgesetzt worden (EP 2008:8). Diese geringe Unabhängigkeit führt zudem zu keinen „Investitionen in angemessener Höhe" (EBD.:4). Somit bleiben Preisschwankungen sowie Innovations- und Netzausbaupotentiale gering (SCHWINTOWSKI 2003:41).

Die BNetzA bewirkt nur geringe Kosteneinsparungen für den Endverbraucher, da diese nur die Befugnisse hat, die Netzzugangsgebühren zu regulieren, nicht aber die Preise für Stromerzeugung, Vertrieb und staatlich verordnete Abgaben (Mehrwertsteuer, Stromsteuer und Konzessionsabgaben – siehe Kapitel 3.2.1).

Bei den VNB existieren aufgrund des starken regionalen Bezuges 855 Unternehmen (BNETZA 2008c:9). Jedoch ist die Zahl durch Zusammenschlüsse rückläufig. Ende der 1990er Jahre begann eine relativ unübersichtliche kommunale Unternehmensprivatisierung mit Zusammenschlüssen von Regionalversorgern und Stadtwerken (MONSTADT & NAUMANN 2003:16). Es bildeten sich jedoch keine Wettbewerbsverhältnisse heraus. Der regionale Bezug verhindert eine Veränderung der Monopolstellung (EP 2008:3). Darüber hinaus ist die Diskriminierung beim Netzzugang, durch die Beteiligung der ÜNB im kommunalen Bereich, inhärent (SCHWINTOWSKI 2003:83f. & SCHEELE 2007:61.).
Seit 2000 trat eine lethargische Stimmung im Liberalisierungsprozess ein. Anfangs aufblühende Billigstromanbieter zogen sich schnell aus dem Markt zurück. Nach stetigem Fall, stiegen die Strompreise wieder an. Deutschland ist einer der Spitzenreiter bei Strompreisen in der EU (Abb.2). Selbst nach Gründung der BNetzA sind die Preise aufgrund der Oligopolstellung der vier großen Stromanbieter für die Verbraucher weiter gestiegen (F.A.Z. 2006:o.A.).

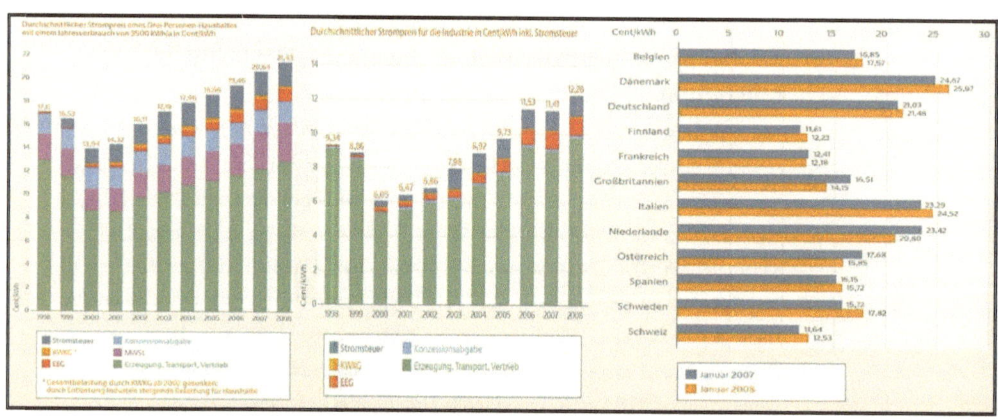

Abb. 2: Strompreisentwicklung für Verbraucher, der Industrie und im Europäischen Vergleich (BMWi 2008:o.A.)

Aufgrund der drohenden monopolistischen Verhältnisse wurde das EnWG im Liberalisierungsprozess erweitert, was zur Gründung der BNetzA führte. Die Stromversorgung besitzt ein hohes öffentliches Interesse und somit bedarf sie einer Regulierung. Jedoch entsteht der Konflikt einer „möglichst wettbewerbsfähigen und preisgünstigen Stromversorgung einerseits und einer möglichst sicheren Stromversorgung anderseits", so ERDMANN (2004:8). Diese Maßnahmen konnten nicht das Problem der monopolistischen Wettbewerbsverhältnisse, wie sie MONSTADT & NAUMANN (2003:21ff.) angesprochen haben, bereinigen (vgl. EP 2008:6ff.).

ERDMANN (2004:9) stellt in seinem Beitrag fest, dass es bei der Öffnung des Strommarktes, nicht wie bei anderen Märkten, zu einer stetigen Verbesserung der Versorgungssicherheit kommt, sondern prognostiziert sogar eine tendenzielle Verschlechterung. Warum sollten ÜNB in Netze investieren, wenn ihnen die Enteignung dieser droht (‚unbundling') (vgl. EBD.:11)?
Im aktuellen Geschehen möchten E.ON und Vattenfall ihre Netze verkaufen und es kommt zur kontroversen Diskussionen, wer dann die Zuständigkeit für das elektrische Leitungsnetz hat und ob eine sichere Stromversorgung gewährleistet bleibt (u.a. STERN 2008: o.A., RP-ONLINE 2008:o.A., SCHRAVEN 2008 o.A., HERMANN 2008:15ff.) (Hierzu Kapitel 3.2).

Schlussendlich kann gesagt werden, dass die gewünschte Vielfalt im Stromsektor nicht in Erfüllung gegangen ist. Die Liberalisierung wird in dieser Hinsicht als gescheitert angesehen (SCHEELE 2007:53). Oftmals liegen die Preise für Strom über dem Niveau vor der Liberalisierung. Die Anreizregulierung ab Januar 2009 soll zu Preisminderung führen. Ohne die staatlichen Maßnahmen ist „kein ausreichendes Maß an Versorgungssicherheit" gewährleistet, denn der Energiesektor korreliert nicht mit den üblichen Funktionsweisen eines liberalisierten Marktes (ERDMANN 2004:11). Es sollte nicht von einer vollständigen Liberalisierung gesprochen werden.

Wurde bisher das elektrische Leitungsnetz im Zusammenhang der Liberalisierung der wirtschaftlichen Bestimmungen betrachtet, wird im weiteren Verlauf auf den Bestand eingegangen. Auf diese weiße werden weitere Gründe sichtbar, die eine vollständige Liberalisierung nicht ermöglichen.

3 Elektrische Leitungsnetz

3.1 Bestandsanalyse

3.1.1 E.ON Netz GmbH

Die E.ON Netz GmbH ist aus der Fusion von Preussen Elektra Netz und Bayern-
werk Netz hervorgegangen und besitzt ein Netzgebiet von rund 38%. Es ist verortet im Norden Deutschlands (Schleswig Holstein, Niedersachsen) und reicht
weiter von Mitteldeutschland (Hessen) bis Südostdeutschland (Bayern) (Abb.3).
Die Netzlänge des HöS beträgt insgesamt 32.162km (E.ON NETZ 2007a:o.A.).
E.ON Netz GmbH besitzt 265 Netzkunden (regionale- und kommunale Energie-
verteiler sowie Großindustrien) sowie 279 Entnahmestellen (EBD.).

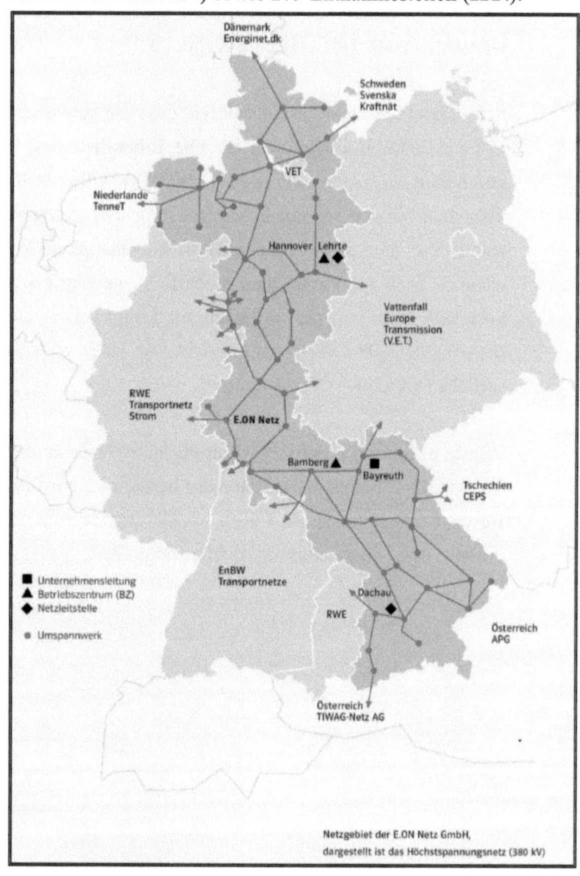

Abb. 3: Netzgebiet & HöS E.ON (E.ON NETZ 2007b:11)

3.1.2 Vattenfall Europe Transmission AG

Die Vattenfall Europe Transmission AG besitzt ein Netzgebiet von 109.000km²
beziehungsweise 31% Deutschlands. Die Netzlänge beträgt lediglich nur 9.540km
und ist ein drittel so lang, wie von E.ON Netz GmbH (RAPP 2008:3). Dies lässt
sich mit der Lage des Netzgebietes begründen (gesamt Ostdeutschland und Hamburg (Abb.4)). Diese Region ist strukturschwach und beherbergt nicht die Anzahl
an Großindustrien, wie das Netzgebiet der E.ON Netz GmbH. Zum Beispiel
besitzt die Vattenfall Europe Transmission AG nur 73 Entnahmestellen. Darüber
hinaus ist das Vattenfall Netz das jüngste in Deutschland, da das alte DDR HöS in
1990er Jahren nahezu komplett erneuert wurde (HERMANN 2008:7).

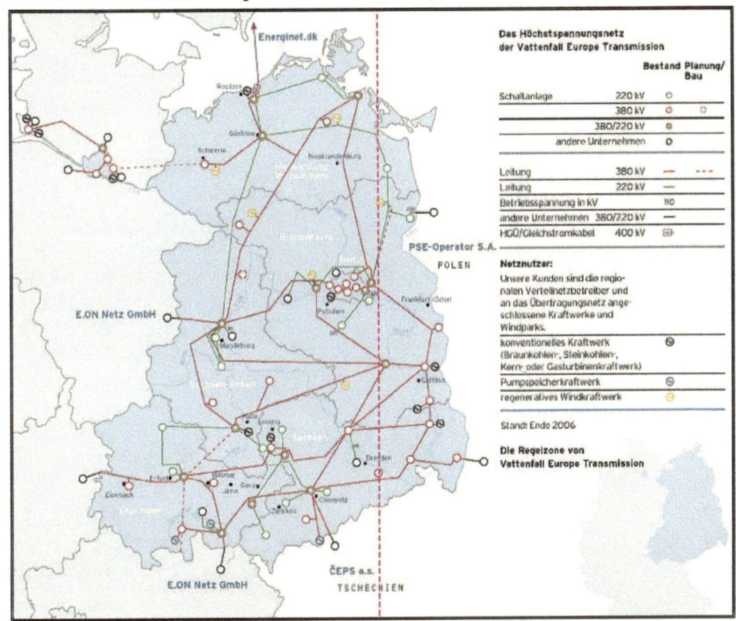

Abb. 4: Netzgebiet & HöS VATTENFALL EUROPE TRANSMISSION GMBH (2007:2)

3.1.3 RWE Transportnetz Strom GmbH

Die RWE Transportnetz Strom GmbH versorgt ein Netzgebiet von 73.079km²
beziehungsweise 21% der Netzfläche Deutschlands. Sie ist verortet im Westen
Deutschlands (Rheinland Pfalz, Nordrheinwestfahlen und Saarland) sowie eine
Enklave in Süddeutschland (in Baden Württemberg). Die Netzlänge beträgt
24.880km und ist damit die zweitlängste. 2007 hatte die RWE Transportnetz
Strom GmbH 225 Entnahmestellen am HöS (RWE TRANSPORTNETZ STROM
2008:o.A.).

3.1.4 EnBW Transportnetz AG

Die EnBW Transportnetz AG ist der kleinste ÜNB in Deutschland. Die Netzfläche beträgt 34.600km² und ist in Baden Württemberg lokalisiert (Abb.5). Die
Netzlänge beim HöS ist 3.644km und im HS 7.600km. Entnahmestellen beziehungsweise Weiterverteiler gibt es 95 (ENBW ENERGIE BADEN-WÜRTTEMBERG
AG 2007:o.A., ENBW TRANSPORTNETZ AG 2007:2).

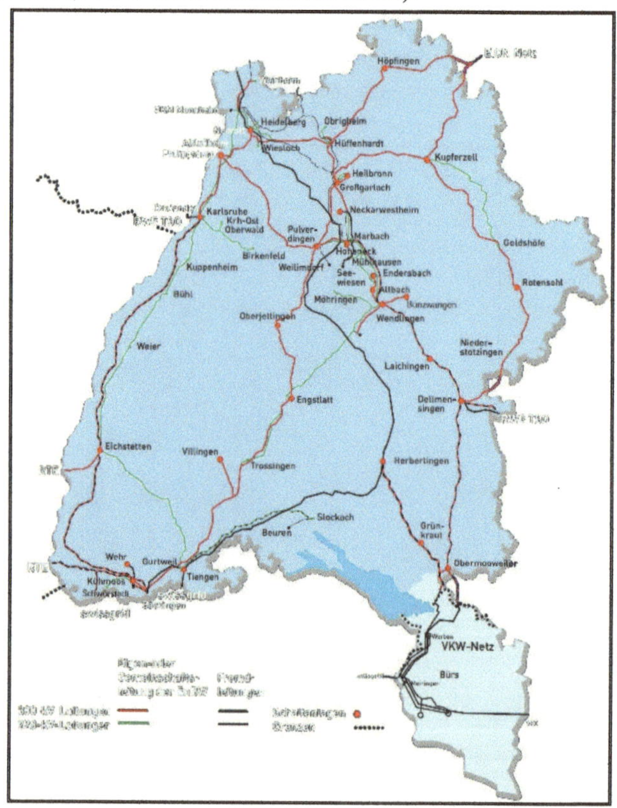

Abb. 5: Netzgebiet & HöS (ENBW TRANSPORTNETZ AG 2007:16)

3.1.5 Zusammenfassung Bestandsanalyse ÜNB

Das elektrische Leitungsnetz wird derzeitig von vier ÜNB betrieben, welche nach
dem EnWG die Verpflichtung haben, „ein sicheres, zuverlässiges und leistungs-
fähiges Energieversorgungsnetz zu betreiben" (BNETZA 2008a:4).

Das elektrische Leitungsnetz hat eine Gesamtlänge von rund 1.671.300km (VDN
2007a:3) wovon 70% unterirdisch verlaufen (vor allem das MS und NS in den
Städten). Zum Vergleich, das Eisenbahnnetz ist rund 36.000km und die Wasser,

Abwasser Ver- und Entsorgung rund 792.000km lang (SCHEELE 2005:5). Gerade mal 70.250km werden von den ÜNB betrieben. Das MS und NS gehört überwiegend den regionalen und kommunalen VNB. Eine zusammenfassende Auflistung des Netzbestandes ist nicht vorhanden, zumal ein Großteil des MS und NS unterirdisch verlaufen.

Die Netzverluste durch Transport und Transformation liegen je nach Veröffentlichung der ÜNB bei 0,5 bis 2,0% im Übertragungsnetz. Im MS und NS Netz kommt es zu Verlusten von 2 bis 80%.

Abb. 6 und 7 schlüsseln die unterschiedlichen Netzlängen im Übertragungsnetz der jeweiligen ÜNB sowie die Netzfläche in Deutschland auf. Es zeigen sich deutliche Unterschiede bei den ÜNB zwischen deren Netzflächen und der Netzlänge. So versorgt die Vattenfall Europe Transmission AG 31% der Netzfläche jedoch besitzt sie nur eine Netzlänge von 9.520km. Im Vergleich zur E.ON Netz AG ist die Netzfläche von Vattenfall nur 21 %, jedoch die Netzlänge 70% geringer. Des Weiteren ist die Gebietsmonopolsituation der ÜNB in Deutschland deutlich zu erkennen.

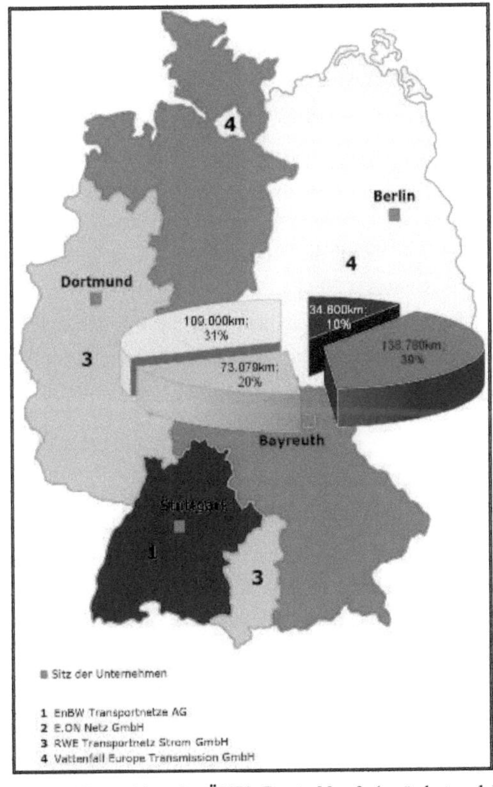

Abb. 6: Verteilung und Netzgebiete der ÜNB's Deutschlands (verändert nach VDN 2007a:25)

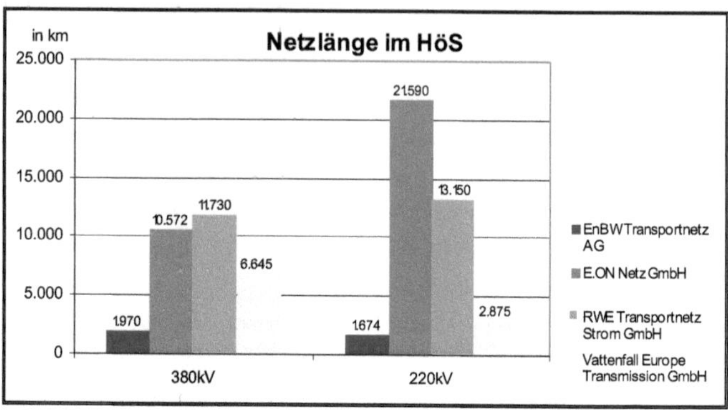

Abb. 7: Netzlängen der vier ÜNB (eigene Darstellung)

Die BNetzA fordert von den ÜNB seit 2006 einen zweijährlichen Bericht zum Netzzustand und Netzausbau (EnWG §14 Abs. 1). Diese Thematik gilt es im folgenden Kapitel zu analysieren.

3.2 Netzzustand und -ausbau

In den letzten Jahren wurde mehrfach in den Medien über den desolaten Zustand des Deutschen elektrischen Leitungsnetzes berichtet. Nach VDN (2007a:3) wurden 2,6 Mrd. Euro in das elektrische Leitungsnetz 2006 investiert. Dies entspricht 54% der Gesamtinvestitionen im Stromsektor. Diese Zahlen sind jedoch irreführend. Denn die Verbraucher zahlen über 21 Mrd. Euro für die Netznutzung (PASSADAKIS 2008:16).

Im weiteren Verlauf wird auf die Zusammensetzung des Netznutzungsentgeltes eingegangen, um einen besseren Vergleich zum Netzzustand und den Netzinvestitionen zu erhalten.

3.2.1 Netznutzungsentgelte

Die so genannten Netznutzungsentgelte sind eine Art Miete für die Netznutzung. Die Preise richten sich nach der Spannungsebene sowie Dauer und Höhe der Stromabnahme (ENVIAM 2006:1). Darüber hinaus spielt die Struktur des Netzes eine entscheidende Rolle. So variieren die Netznutzungsentgelte nach geographischen Gegebenheiten, Kundenzahlen, Stromverbrauch und Investitionen (EBD.:2). Für die nichtindustriellen Endverbraucher liegt der Anteil des Netznutzungsentgeltes zum Gesamtstrompreis bei über 30% (Abb.8) (ALT 2007:1). Dieser hohe Anteil liegt begründet in der erwähnten Monopolstellung der vier ÜNB, welche zumeist die Stromerzeugung in einem Konzern beherbergen sowie an den längeren Übertragungswegen vom HöS bis zum NS und den dadurch resultierenden Verlusten (vgl. SCHWINTOWSKI 2003:84f. & VDN 2007a:10). Jedoch ist für die nichtindustriellen Endverbraucher das Entgelt um 17,8% seit Oktober 2002 gesunken (VDN 2007b:1) und liegt bei 4,71ct/kWh. (stand August 2007).

Da die stromintensive Industrie direkt am HS- beziehungsweise HöS angeschlossen ist, entfallen auf diese geringere Netznutzungsentgelte (1,41ct/kWh im August 2007 (EBD.)). Das niedrige Entgelt ist durch die geringeren Verluste der kürzeren Übertragungsstrecken sowie der höheren Stromabnahme begründet. Jedoch ist für die industriellen Endverbraucher das Entgelt um 14,6% seit Oktober 2002 gestiegen (EBD.).

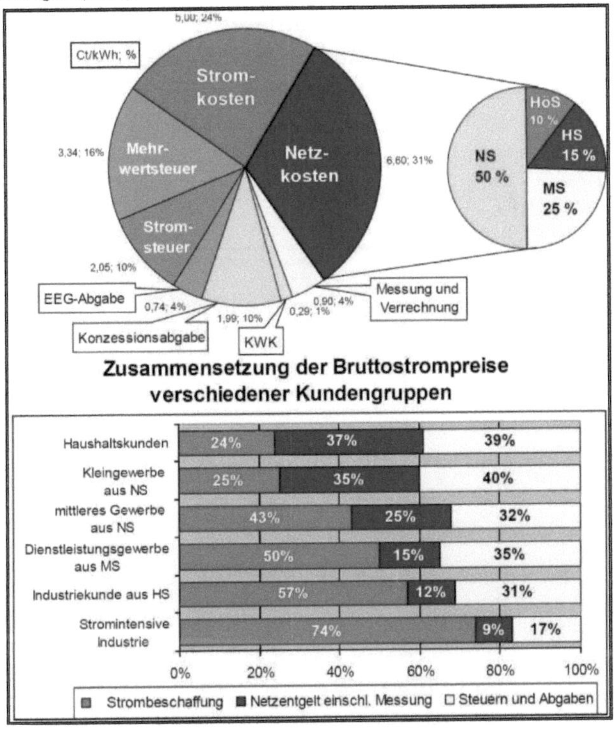

Abb. 8: Zusammensetzung des Strompreises (ALT 2007.o.A.)

Insgesamt liegt der Strompreis im Januar 2009 trotz Regulierung der Netzentgelte durch die BNetzA bei knapp 40%punkten über den Preisniveau vom Januar 2001 (DESTATIS 2009: o.A.). Diese stetige Erhörung liegt zum einen begründet an der Stromkostenerhöhung der Stromanbieter und zum anderen an den steigenden staatlichen Abgaben wie Mehrwertsteuer, Stromsteuer, dem EEG und KWK, welche sich seit 1998 verdoppelt haben (BALLHAUS 2008:o.A.).

3.2.2 Netzzustand

In Deutschland existiert keine Aufsichtsbehörde zur Kontrolle des elektrischen Leitungsnetzzustandes. Dies liegt im Rückzug der staatlichen Kontrolle begründet. Jedoch fordert die BNetzA einen zweijährlichen Netzzustandsbericht von den vier ÜNB. Als Grundlage dienen die anerkannten DIN Normen (BNETZA 2008a:18).

Abb.9 zeigt das Durchschnittsalter der Betriebsmittel aller ÜNB an. Es ist deutlich zu erkennen, dass die 220kV-Masten im Durchschnitt 50 Jahre sind. Der Netzausbau muss dahingehend gesteuert werden, dass es zur allmählichen Ersetzung der alten 220kV-Masten durch 380kV-Masten kommt, da von einem kontinuierlichen Lastanstieg und Leistungstransit ausgegangen wird (EBD.:6 & 19). Auch bei den 380kV-Masten besteht Sanierungsbedarf. Das Durchschnittsalter ist zwar geringer und beträgt ‚nur' 31 Jahre, es sind jedoch Masten im Alter von bis zu 80 Jahren in Deutschland zu verorten (EBD.:19).

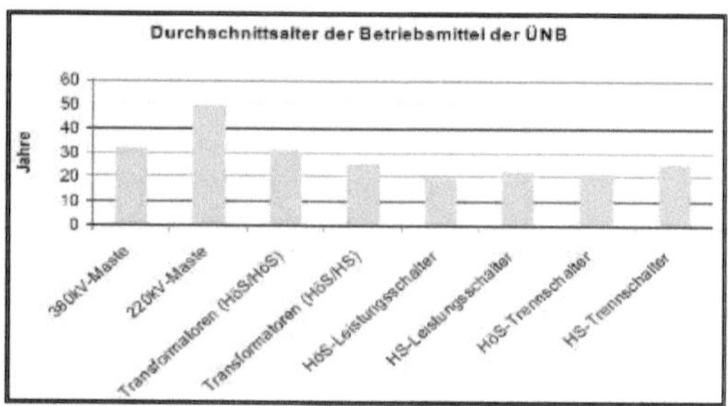

Abb. 9: Durchschnittsalter der Betriebsmittel der ÜNB (BNETZA 2008a:19)

Die Folgen sind, wie im Münsterland am 26.11.2005 geschehen, Mastumbrüche und einhergehende Stromausfälle (EBD.:20, WELT ONLINE 2005:o.A.).Um Erfahrungen aus bisherigen Stromausfällen zu sammeln, müssen alle Betreiber von Energieversorgungsnetzen einen Bericht der „aufgetretenen Versorgungsunterbrechungen" erstellen (BNETZA 2008a:21f.). Nach dem Monitoringbericht der BNETZA (2008c:114) kam es im Erfassungsjahr 2006 zu einer Nichtverfügbarkeit von 21,53 Minuten pro Letztverbraucher. Dies postuliert eine Versorgungssicherheit von 99,996% in Deutschland und ist europäische Spitze. Die Zahl soll nicht darüber hinwegtäuschen, das ein Jahr zuvor der Wert bei 19,3 Minuten lag (VDN 2007a:11) und im Jahre 2004 sogar bei rund 15 Minuten (BOTHE & RIECHMANN 2008:32). Zudem werden Netzausfälle durch ‚höhere Gewalt' nicht eingerechnet.

Für die weitaus exorbitantere Netzlänge der VNB gibt es keinen umfassenden Netzzustandsbericht. Jedoch ist auch hier von einem sehr maroden Netzzustand auszugehen. Zum Beispiel berichtet NIEMEYER (2007:73ff.) über den Zustand der Holzmasten im MS und NS Netz. So wird geschätzt, dass jährlich 80- bis 100.000 Holzmasten ersetzt werden müssen.

LOSSAU (2008:o.A.) agitiert, dass Grenzen der Belastbarkeit im elektrischen Leitungsnetz erreicht sind. Der derzeitige Netzzustand wird neue Kraftwerke, vor allem die Offshore Windparks, nicht halten können (KÖPKE 2006:o.A.). Des Weiteren nimmt der grenzüberschreitende Handel mit elektrischer Energie stetig zu (Abb.10) (DESTATIS 2006:13f.). Dem wachsenden Bedarf, dem steigenden Handel und der neugerichteten Stromgewinnung (von Nord nach Süd) muss das elektrische Leitungsnetz angepasst werden (siehe Kapitel 3.2.3).

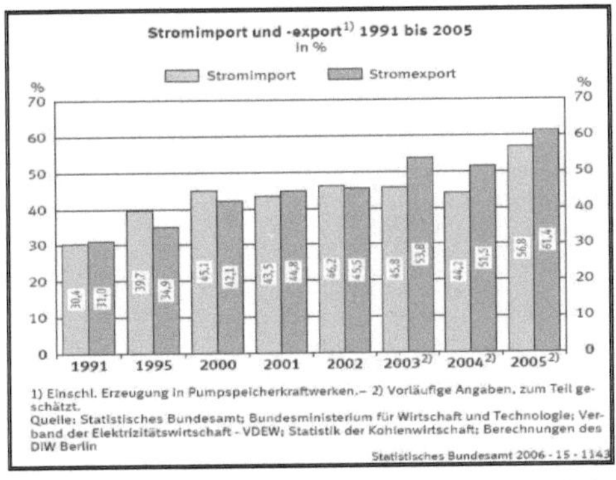

Abb. 10: Stromim- und export 1991 bis 2005 (DESTATIS 2006:14)

Zusammenfassend auf Berufung der BNETZA (2008a:19f.), sind die elektrischen Leitungsnetze veraltet und gefährden die Versorgungssicherheit. Es wurde investiert, wenn Engpässe oder Schäden vorangegangen waren (Beispiel Münsterland). Vor allem die 220kV-Masten haben die maximale Nutzungsdauer erreicht. Nach jahrelangen Flicken des elektrischen Leitungsnetzes müssen nun kapitalintensive Investitionen getätigt werden. Dieses Faktum sowie die Regulierung der Netznutzungsentgelte durch die BNetzA, machen das elektrische Leitungsnetz für die Konzerne nicht mehr lukrativ. Aktuelle Meldungen von E.ON und Vattenfall, welche ihr Netze veräußern möchte, sind die Schlussfolgerung (SCHRAVEN 2008:o.A., HERMANN 2008:15ff.). Das im Kapitel 2.2 erwähnte ‚unbundling' der Stromkonzerne, welches von der EU Kommission vorgeschrieben wird, treibt nicht zu Investition an. Im Gegenteil, die Stromkonzerne befürchten die Enteignung ihrer Leitungsnetze. So fragt LOSSAU (2008:o.A.) in seinen Artikel:

„welcher Unternehmer investiert schon gern in Strukturen, von denen er langfristig gar nicht mehr [...] profitieren kann"?

Wie unter diesen Bedingungen dennoch ein Netzausbau in den nächsten Jahren verläuft, wird im folgenden Kapitel analysiert.

3.2.3 Netzausbau

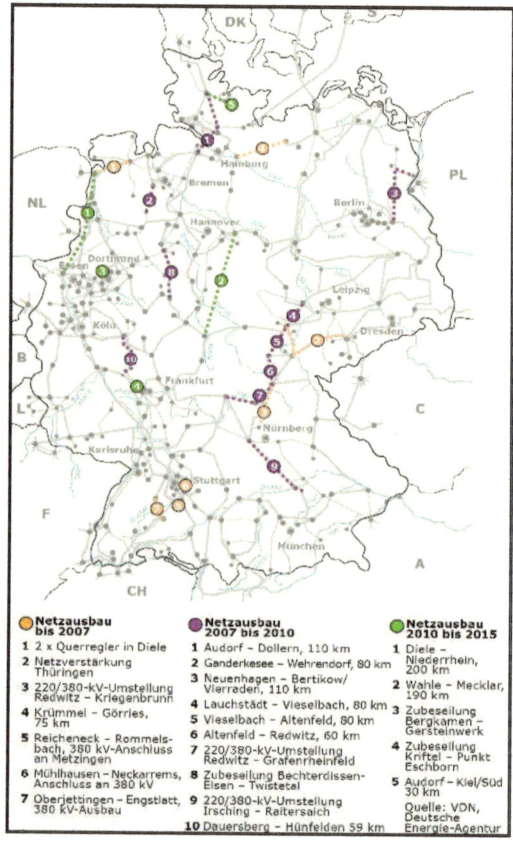

Abb. 11 Netzausbau bis 2015 (VDN 2007a:20)

Ergänzend zum Netzzustandsbericht müssen die ÜNB einen Netzausbaubericht zweijährlich an die BNetzA übermitteln (BNetzA 2008a:22). In Abb.11 sind alle Netzausbaupläne bis zum Jahre 2015 aufgezeigt (VDN 2007a:20). Eine geographische Nord-Süd Ausrichtung der neuen Projekte ist signifikant sichtbar. Dies liegt begründet in der Errichtung von Offshore Windkraftanlagen im Norden

Deutschlands und der Schließung von Atomkraftwerken im Süden (KOHLER
2005:10ff.).

Nach dem Bericht der BNetzA ist ein Anstieg der Netzinvestitionen signifikant.
Wurden nach dem nötigen Ausbau der Wende 1990 nur noch wenige Investi-
tionen getätigt, steigen in den letzten Jahren die Ausgaben (BNETZA 2008a:24ff.)
(Abb.12).

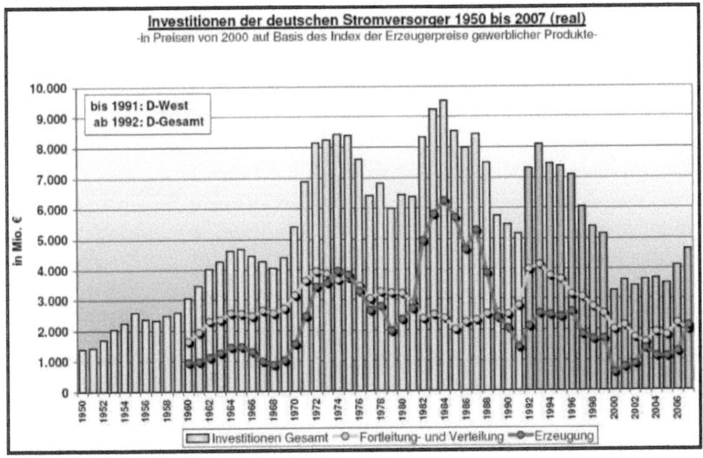

Abb. 12: Investitionen der deutschen Stromversorger 1950 bis 2007 (BDEW 2008:3)

Dies liegt vor allem darin begründet, dass die Bundesregierung den Ausbau erneuerbarer Energien fördert. Allen voran die Windenergie (DENA 2005:3). Dabei
kommt es zu einer Dezentralisierung der Kraftwerksstruktur. Wurden in den
1960er und 1970er Jahren die Kraftwerke punktuell in Deutschland verteilt, kon-
zentrieren sich die großen Windparks an Nord- und Ostseeküste (EBD.). Es muss
daher zu einem Umstrukturierungsprozess im elektrischen Leitungssystem kommen (EBD.:7), denn dass Netz ist für solche großen und schwankenden Strom-
mengen nicht konzipiert (HERMANN 2008:11). Die DENA-Netzstudie (2005:8)
postuliert eine besondere Genehmigungsregelung, damit der voranschreitende
Ausbau der Windparks nicht gefährdet wird. Denn die ÜNB beklagen die langen
Planfeststellungsverfahren aufgrund Initiativen, welche keine weitere Verinselung
der Landschaft durch Freileitungen propagieren (BNETZA 2008c:115 & WETZEL
2008:o.A.). Um 392km muss da HöS Übertragungsnetz bis 2015 verstärkt und um
850km erweitert werden. Um weitere 1000km über das Jahr 2015 hinaus (DENA
2005:8). Zudem müssen die überschüssigen Stromlasten, bedingt durch Stark-
wind, in das Ausland transportiert werden, um das hiesige Netz nicht zu über-
lasten (EBD.:10). Die Anbindungen der Offshore Windkraftanlagen werden durch
die Betreiber der Windparks getätigt, die Kosten belaufen sich bis 2015 auf 5Mrd.
Euro (EBD.:14).

Kritisch betrachtet sind die Investitionen in das elektrische Leitungsnetz lediglich Investitionen zur Erschließung der neuen Offshore Windparks. Notwendige Reparaturen und Neubauten werden weiterhin nur nach Bedarf getätigt. Alle vier Stromkonzerne verpflichten sich zu einer sicheren Stromversorgung und preisen ihre Ausbauinitiativen an, jedoch verschleiert dies den tatsächlichen Netzzustand und den eigentlichen Investitionsbedarf. Die Investitionen aller ÜNB liegen jährlich im äußerst geringen einstelligen Milliardenbereich. Notwendig wären Investitionen viermal so hoch (vgl. SIEMENS FINANCIAL SERVICE 2007:12).

4 Ausblick und Fazit

4.1 Ausblick

Das Aufkeimen erneuerbarer Energiekraftwerke wird langfristig zur Neustrukturierung des elektrischen Leitungsnetzes führen. In welcher Form dies geschehen wird, kann nur grob vorhergesagt werden, da viele Trassenausbauanträge im Genehmigungsverfahren stecken.

Die Betreiber erneuerbarer Energiekraftwerke suchen Lösungen einer dezentralen Energieversorgung (vgl. HORENKAMP et al 2007). Diese netzunabhängigen Kleinnetze auf lokaler Ebene werden Microgrids genannt. Microgridsbetreiber sind für die Netzsicherheit genauso verantwortlich (EBD.:13). Weitere Projekte auf der Basis erneuerbarer Energien sind virtuelle Ökokraftwerke, ein Zusammenschluss unterschiedlicher erneuerbarer Energiekraftwerke, um die Versorgungssicherheit und Autarkie von fossilen Energieträgern zu gewährleisten. Eine Computerzentrale steuert den Energiemix. So kann Strom aus Biogas in das Netz eingespeist werden, wenn gerade kein Wind weht (KÖPKE 2006:o.A. & HORENKAMP et al 2007:14).

Diese neuen Erzeugungsoptionen werden längerfristig eine Veränderung im Gesamtnetz bewirken. War das Übertragungsnetz von Kraftwerk zum Verbraucher errichtet worden, so ändert sich dies in Richtung Einspeisung durch dezentrale Versorgungsstrukturen in das übergeordnete Übertragungsnetz (HORENKAMP et al 2007:18 & 23), denn überschüssige elektrische Energie kann so weiter verkauft werden.

Über diese Neuentwicklungen im Netzbereich steht die Verstaatlichung des elektrischen Leitungsnetzes. Wie aufgezeigt wurde, sind die Anreize gering, in das elektrische Leitungsnetz zu investieren. Die getätigten Investitionen decken nicht den nötigen Investitionsbedarf. Darüber hinaus besteht beim elektrischen Leitungsnetz ein natürliches Monopol, welches nur durch den Staat, ohne Diskriminierung und mit der nötigen Versorgungssicherheit betrieben werden kann. Zusätzlich für eine „Netz AG" sprechen die Neuausrichtung der Stromversorgung sowie der vermehrte europäische Stromaustausch, was in dieser Arbeit aufgezeigt werden konnte. Dementsprechend stellt EHRICKE (2007:o.A.) fest, „Die öffentlich Hand kann energiepolitische Zielsetzungen schneller und konfliktfreier durchsetzen [...] [,] denkbar sind etwa künftige Netzoptimierungen für eine stärkere Dezentralisierung der Stromerzeugung oder Netzausbaunotwendigkeit für eine umfassende Offshore-Windnutzung".

4.2 Fazit

Die erläuterte Liberalisierung der wirtschaftlichen Bestimmungen des Stromsektors sowie die Bestandsanalyse der Struktur des elektrischen Leitungsnetzes verknüpft mit einem Ausblick ermöglichte eine ganzheitliche Betrachtung der Fragestellung.

Die Untersuchungen zum Liberalisierungsprozess zeigten auf, dass der Stromsektor nicht vollständig entflechtet werden konnte. Das vorgeschriebene „unbundling" verhindert nicht, dass die ÜNB bis in das Verteilernetz agieren und somit einem neutralen Wettbewerb entgegenwirken. Somit ist die vollständige Entflechtung des Strommarktes nicht erreicht worden, wie in der ersten These beschrieben.

Die Annahme der zweiten These war, dass das elektrische Leitungsnetz in privater Hand ist. Die vier ÜNB sind aus acht großen staatlichen Netzbetreibern während des Liberalisierungsprozesses hervorgegangen. Jedoch erschweren „unbundling" sowie veraltete Strukturen zunehmend eine effektive Nutzung des elektrischen Leitungsnetzes. Die in der dritten These angedeuteten Problematiken der Ineffizienz, Innovationsmüdigkeit und Finanzknappheit bedingen, dass die ÜNB erwägen in nächster Zukunft ihre Netze zu verkaufen. Unter anderem wird angestrebt, eine in staatlicher Hand befindliche „Netz AG" zu gründen.

Dadurch wird ein diskriminierungsfreier Netzzugang gewährleistet, denn die in der vierten These vermutete Diskriminierungsfreiheit ist derzeitig durch die vertikale Strukturierung der ÜNB bis hin zu den VNB nicht gegeben.

Der Blick auf die Fragestellung nach den Effekten auf das elektrische Leitungsnetz durch die Liberalisierung der wirtschaftlichen Bestimmungen zeigt, dass durch Umstrukturierungsprozesse unterschiedlicher Art, es zu einer Neustrukturierung des elektrischen Leitungsnetzes kommt. Ein anderer Effekt ist die stetige Alterung des Netzes, welche durch die geringen Investitionen der ÜNB nicht gestoppt wird. Ein weiterer Effekt wird die Rückführung des elektrischen Leitungsnetzes in Staatseigentum sein. Dadurch würden die Probleme der Versorgungssicherheit und des mangelhaften Netzzustandes behoben.

Literatur

ALT, H. (2007): Elektrische Energietechnik Energiewirtschaft. Zusammensetzung der Strompreise und Netzentgelte in den Spannungsebenen. <http://www.buerger-fuertnik.de/Zusammensetzung_der_Strompreise 0107.pdf> (Stand: 2007-01-27) (Zugriff: 2008-12-22).

ATTESLANDER, P. (1993[7]): Methoden der empirischen Sozialforschung. Berlin: Walter de Gruyter.

BALLHAUS, R. (2008): Staatsanteil an Stromrechnung verdoppelt. In: BDEW. <http://www.bdew.de/bdew.nsf/id/DE_20080423_Staatsanteil_an_Stromre chnung_verdoppelt?open&Highlight=> (Stand: 2008-04-23) (Zugriff: 2009-01-28).

BDEW (BUNDESVERBAND DER ENERGIE UND WASSERWIRTSCHAFT) (2008): Investitionen der deutschen Stromversorger. <http://www.bdew.de/bdew.nsf/id/72E2F867741EAEECC125742B0049E 450/$file/Energie-Info%20 Investitionen%20April%202008.pdf> (Stand: 2008-12-04) (Zugriff: 2008-12-23).

BMWI (BUNDESMINISTERIUM FÜR WIRTSCHAFT UND TECHNOLOGIE) (2008): Energie in Deutschland. Trends und Hintergründe zur Energieversorgung in Deutschland.<http://www.bmwi.de/Dateien/Energieportal/PDF/energie-in-deutschland,propety=pdf,bereich=bmwi,sprache=de,rwb=true.pdf> (Stand: 2008-06-04) (Zugriff: 2008-12-22).

BNE (BUNDESVERBAND NEUER ENERGIEANBIETER) (2007): Der Strommarkt in Deutschland. Viele Stolpersteine für den Wettbewerb. <http://www.neue-energieanbieter.de/suchen/547761.html?searchshow=derstrommarktinde> (Stand: 2007-05-07) (Zugriff: 2009-01-28)

BNETZA (BUNDESNETZAGENTUR) (2007): Tätigkeitsbericht 2005 – 2007 der Bun desnetzagentur für Elektrizität, Gas, Telekommunikation, Post und Eisen bahn. <http://www.bundesnetzagentur.de/media/archive/13656.pdf> (2008-04-10) (Zugriff:2008-11-18).

BNETZA (2008a): Bericht zur Auswertung der Netzzustands- und Netzausbauberichte der deutschen Elektrizitätsübertragungsnetzbetreiber. <http://www.bundesnetzagentur.de/media/archive/ 12385.pdf> (Stand:2008-01-08) (Zugriff: 2008-12-23).

BNETZA (2008b): Historie der Liberalisierung. <http://www.bundesnetzagentur.de/enid/Allgemeine_Informationen/Histor ie_der_Liberalisierung_xc.html> (Stand: 2008-04-21) (Zugriff: 2009-01-28).

BNETZA (2008c): Monitoringbericht 2008. <http://www.bundesnetzagentur.de/ media/archive/14513.pdf> (Stand: 2008-07-12) (Zugriff: 2008-12-18)

BOTHE, D. & CH. RIECHMANN (2008): Hohe Versorgungszuverlässigkeit bei Strom wertvoller Standortfaktor für Deutschland. In: Energiewirtschaft-

liche Tagesfragen 58. Jg. (2008) Heft **10**. <http://www.frontier-econo
mics.com/_library/publications/Frontier%20publication-%20et%20
October%202008.pdf> (2008-10-16) (2009-01-29).

DENA (DEUTSCHE ENERGIEAGENTUR) (2005): Zusammenfassung der wesentlichen
Ergebnisse der Studie. Energiewirtschaftliche Planung für die
Netzintegration von Windenergie in Deutschland an Land und Offshore
bis zum Jahr 2020 (dena-Netzstudie). <http://www.dena.de/
fileadmin/user_upload/Download/Dokumente/Studien__Umfragen/dena-
netzstudie_1_zusammenfassung.pdf> (Stand: 2005-02-23) (Zugriff: 2008-
11-19).

DESTATIS (STATISTISCHES BUNDESAMT) (2006): Energie in Deutschland.
<http://www.destatis.de/jetspeed/portal/cms/Sites/destatis/Internet/DE/Pres
se/pk/2006/Statistisches__Jahrbuch/Pressebroschuere__Energie,property=f
ile.pdf> (Stand: 2006-09-26) (Zugriff: 2008-12-22).

DESTATIS (2009): Preismonitor des Statistischen Bundesamtes. Heizung, Strom,
Wasser. <http://www.destatis.de/jetspeed/portal/cms/Sites/destatis/
Internet/DE/Content/Statistken/Zeitreihen/WirtschaftAktuell/Preismonitor/
Energie/Ueberschrift__Energie,templateId=renderPrint.psml> (Stand:
2009-01) (Zugriff: 2009-01-28).

E.ON NETZ GMBH (2007a): Strukturmerkmale. <http://www.eon-
netz.com/pages/ene_de/Veroeffentlichungen/Netzkennzahlen/Strukturmer
kmale/index.htm> (Stand: 2007-12-31) (Zugriff: 2008-11-27).

E.ON NETZ GMBH (2007b): E.ON Netz – zuverlässig, marktorientiert, innovativ.
<http://www.eon-netz.com/pages/ene_de/E.ON_Netz/Uebersicht/
ENE_Unternehmensbroschuere.pdf> (Stand: 2007-06-21) (Zugriff: 2008-
11-27).

EHRICKE, U. (2007): Netzverstaatlichung ist konsequent <http://www.vorsicht-
hochspannung.com/070115_3_Netze%20verstaatlichen.pdf> (Stand: 2007-
01-02) (Zugriff: 2008-12-15).

EK (EUROPÄISCHE KOMMISSION) (2005): Mitteilung der Kommission an den Rat
und das europäische Parlament. Bericht über die Fortschritte bei der Schaf
fung des Erdgas- und Elektrizitätsbinnenmarktes.
<http://www.zfk.de/zfkGips/ZFK/zfk.de/Infothek/EU-Dokumente/EU-
Dokumente_/Fortschrittsbericht_2005_15_11_05.pdf> (Stand: 2005-11-
15) (Zugriff: 2008-12-5).

ENBW TRANSPORTNETZ AG (2007): EnBW Transportnetz AG. In Baden-
Württemberg daheim – mit Europa vernetzt.
<http://www.enbw.com/content/de/der_konzern/enbw_gesellschaften/regi
onalgesellschaft/zahlen_und_fakten/index.jsp> (Stand: 2007-11-06)
(Zugriff: 2008-12-15).

ENBW ENERGIE BADEN-WÜRTTEMBERG AG (2007): Zahlen-Daten-Fakten 2007.
<http://www.enbw.com/content/de/der_konzern/enbw_gesellschaften/regi

onalgesellschaft/zahlen_und_fakten/index.jsp> (Stand: 2007-07-01) (Zugriff: 2008-12-15).

EP (EUROPÄISCHES PARLAMENT) (2008): Bericht der Kommission an das europäische Parlament und den Rat. Die Fortschritte bei der Verwirklichung des Erdgas und Elektrizitätsbinnenmarktes. <http://eur-lex.europa.eu/LexUriServ/LexUriServ.do?uri=COM:2008:0192:FIN:DE:DOC> (Stand: 2008-04-15) (Zugriff: 2008-12-05).

ENVIAM (2006): Fragen- und Antworten-Katalog Netzentgelte. <http://www.enviam.de/dokumente/pdf/fragen_und_antworten_netzentgelt e_internet.pdf> (Stand: 2006-11-14) (2008-12-22).

ERDMANN, G (2004): Liberalisierung versus Versorgungssicherheit im Strommarkt – Erfahrungen aus Deutschland und Europa. In: TU International 55. <http://www2.tu-berlin.de/foreign-relations/archiv/tui_55/erdmann.PDF> (Stand: 2004-07-20) (Zugriff:2008-12-05).

EU (EUROPÄISCHE UNION) (2003): Richtlinie 2003/54/EG des Europäischen Parlaments und des Rates. <http://eur-lex.europa.eu/LexUriServ/Lex UriServ.do?uri=OJ:L:2006:033:0022:0027:DE:PDF> (Stand: 2006-02-04) (Zugriff: 2008-12-23).

F.A.Z. (2006): Strompreise in Deutschland sind europäische Spitze. <http://www.faz.net/s/Rub0E9EEF84AC1E4A389A8DC6C23161FE44/D oc~E1F6FA3B5949942DEA6D67428AEAD4D58~ATpl~Ecommon~Sco ntent.html> (Stand: 2006-08-23) (Zugriff: 2009-01-28).

FLACH, G. (2005): Der neue Rechtsrahmen für die Energieversorgung: Gesetze zur Neuregelung des Energiewirtschaftsgesetzes und erstes Änderungsgesetz. <http://www.kommunalbrevier.de/pdf> (Stand: 2005-06-22) (Zugriff: 2009-01-10).

FLICK, U. (2006): Qualitative Sozialforschung. Eine Einführung. Reinbek bei Hamburg: Rowohlt Taschenbuchverlag.

HERMANN, S. (2008): Stromnetzfakten. Vattenfall. <http://www.vattenfall.de/ stromnetzfakten/downloads/Stromnetzfakten.pdf> (Stand: 2008-10-27) (Zugriff: 2009-01-28).

HORENKAMP et al. (2007): VDE-Studie Dezentrale Energieversorgung 2020. Energietechnische Gesellschaft im VDE (Hrsg.). VDE: Frankfurt am Main.

KELLER, K (2005): Netznutzungspreise in liberalisierten Elektrizitätsmärkten. Eine ökonomische Analyse der Entgelte für das Höchstspannungsnetz. In: KNIEPS, G. (Hrsg.): Freiburger Studien zur Netzökonomie. 10. Nomos: Baden-Baden.

KOHLER, S. (2005): Ergebnisse der dena-Netzstudie. <http://www.dena.de/ fileadmin/user_upload/Download/Dokumente/Studien___Umfragen/dena-Netzstudie_1_praesentation.pdf> (Stand: 2005-02- 25) (Zugriff: 2008-12-22).

KÖPKE, R. (2006): Die neuen Leiden des Stromnetzes. In: Berliner Zeitung Text archiv. <http://www.berlinonline.de/berliner-zeitung/archiv/.bin/dump.fcgi/2006/1124/wissenschaft/0264/index.html> (Stand:2006-11-24) (Zugriff: 2009-01-28).

KLUGE, T. & U. SCHEELE (2003): Transformationsprozesse in netzgebundenen Infrastruktursektoren. Neue Problemlagen und Regulationsbedürfnisse. In: NETWORKS-PAPERS. Deutsches Institut für Urbanistik: Berlin. <http://edoc.difu.de/edoc.php?id=LUVTB197> (Stand:2003-11-05) (Zugriff: 2008-12-23).

LIEB-DOCZY, E. (2006): Anreizregulierung. Endbericht: Executive Summary. <http://vdn-archiv.bdew.de/global/downloads/Netz-Themen/Netzreguli rung/060702_FINAL_T3_Exec_Sum.pdf> (Stand: 2006-06-28) (Zugriff:2008-12-05).

LOSSAU, N. (2008): Das deutsche Stromleitungsnetz ist an der Leistungsgrenze. Der Öko-Blackout rückt näher. In: WELT ONLINE. <http://www.welt.de/welt_print/article1628909/Der_Oeko_Blackout_ruec kt_naeher.html> (Stand: 2008-02-04) (Zugriff: 2009-01-28).

MONSTADT, J. & M. NAUMANN (2003): Netzgebundene Infrastrukturen unter Veränderungsdruck – Sektoranalyse Stromversorgung. In: NETWORKS-PAPERS. Deutsches Institut für Urbanistik: Berlin. <http://edoc.difu.de/edoc.php?id=5HW0IZ1E> (Stand: 2004-12-16) (Zugriff: 2008-11-21).

MONSTADT, J (2007): Großtechnische Systeme der Infrastrukturversorgung: Übergreifende Merkmale und räumlicher Wandel, 7 – 34. In: GUST, D. (Hrsg.): Wandel der Stromversorgung und räumliche Politik. Forschung- und Sitzungsberichte, **227**. ARL: Hannover.

MONSTADT, J. (2008): Der räumliche Wandel der Stromversorgung und die Aus wirkung auf die Raum- und Infrstrukturplanung. In: MOSS, T., M. NAUMANN, M. WISSEN (Hrsg.): Infrastrukturnetze und Raumentwicklung. Zwischen Universalisierung und Differenzierung. Ergebnisse Sozial-ökologischer Forschung, 10. Oekom: München.

NIEMEYER, P. (2007): Erstschutz und Instandhaltung von Holzmasten. In: CICHOWSKI (Hrsg.): Jahrbuch Anlagentechniken für elektrische Vertei-lungsnetze. VDE Verlag: Berlin.

PASSADAKIS, A. (2008): Streit ums Netz. In: Robin Wood 97/2.08. <http://www.robinwood.de/german/energie/stromnetze/ROBIN%20WOO D%20MAGAZIN%202-08%20Stromnetze.pdf> (Stand: 2008-05-19) (Zugriff: 2008-12-18)

RAPP, Ch. (2008): Geschäftsbericht 2007. Vattenfall Europe Transmission. <http://www.vattenfall.de/www/trm_de/trm_de/Gemeinsame_Inhalte/DO CUMENT/175641tran/176128kurz/902327date/P0260127.pdf> (Stand: 2008-02-08) (Zugriff: 2008-12-18).

RP-ONLINE (2008): Bernotat schlägt Netz AG vor. <http://www.rp-onli ne.de/public/article/wirtschaft/news/539154/Bernotat-schlaegt-Netz-AG-vor.html> (Stand: 2008-03-01) (Zugriff: 2008-11-27).

RWE TRANSPORTNETZ STROM GMBH (2008): Struktur- und Netzdaten der RWE Netzbetreiber.   <http://www.rwetransportnetzstrom.com/generator.aspx/ netznutzung/netznutzungspreise/strukturdaten/language=de/id=75486/stru kturdaten-page.html> (Stand: o.A.) (Zugriff: 2008-12-15).

SCHEELE, U. (2005): Netzgebundene Ver- und Entsorgungssysteme zwischen Liberalisierung und Nachhaltigkeit <http://www.sozial-oekologische-forschung.org/_media/04_impulsref_scheele_folien.pdf> (Stand: 2005-04-05) (Zugriff:2008-12-22).

SCHEELE, U. (2007): Privatisierung, Liberalisierung und Deregulierung in netzgebundenen Infrastruktursystemen, 35 – 67. In: GUST, D. (Hrsg.): Wandel der Stromversorgung und räumliche Politik. Forschung- und Sitzungsberichte, **227** ARL: Hannover.

SCHRAVEN, D. (2008): Versorger wollen ihre Stromnetze verkaufen. In: WELT-ONLINE. <http://www.welt.de/wirtschaft/article2249858/Versorger-wollen-ihre-Stromnetze-verkaufen.html> (Stand: 2008-07-25) (Zugriff: 2008-11-27).

SCHWINTOWSKI, H.-P. (2003): Strategische Allianzen – Netznutzung – Verga berecht auf Energiemärkten. Institut für Energie- und Wettbewerbs recht in der Kommunalen Wirtschaft e.V. an der Humboldt-Universität zu Berlin. 8. Nomos: Baden-Baden.

SIEMENS FINANCIAL SERVICES GMBH (2007): Privates Geld für öffentliche Infrastruktur. Finanzlösungen für die Bereiche Energie, Industrie und Gesundheit.   <https://finance.siemens.com/financialservices/global/ SiteCollectionDocuments/PDF/DE/studie_2007_privates_geld_oeffentlich e_infrastruktur.pdf> (Stand: 2007-11-21) (Zugriff: 2008-12-23).

STRAUB, P. T. (2005): Der Zugang zu den Elektrizitätsnetzen in Europa und der Schweiz. Helbing & Lichtenhahn: Zürich.

STERN (2008): Eon schweigt zu Netzplänen. <http://www.stern.de/ wirtschaft/unternehmen/unternehmen/613312.html> (Stand: 2008-03-06) (Zugriff: 2008-11-27).

VATTENFALL EUROPE TRANSMISSION GMBH (2007): Wir bringen Energie auf den Weg. Daten und Fakten 2006. <http://www.vattenfall.de/www/ trm_de/trm_de/Gemeinsame_Inhalte/DOCUMENT/175641tran/176128kur z/902327date/P0262611.pdf> (Stand: 2007-08-15) (Zugriff: 2008-12-15).

VDN (Verband der Netzbetreiber) (2007a): Daten und Fakten. Stromnetz in Deutschland 2007. <http://vdn-archiv.bdew.de/global/downloads/ Publikationen/DatenFakten/Daten+Fakten2007.pdf> (Stand: 2007-05-08) (Zugriff: 2008-11-27).

VDN (2007b): Entwicklung der Netzentgelte von 2002 bis 2007. <http://vdn-archiv.bdew.de/global/downloads/Netz-Themen/Netznutzungsentgelte/ VDN_Darstellung_der_Entwicklung_Netzentgelte_2002-2007.pdf> (Stand: 2007-08-29) (Zugriff: 2008-11-22).

WELT ONLINE (2005): 38 000 Strommasten in Deutschland könnten im Ernstfall zu spröde sein. <http://www.welt.de/print-welt/artic le182714/38_000_Strommasten_in_Deutschland_koennten_im_Ernstf all_zu_sproede_sein.html> (Stand: 2005-12-07) (Zugriff: 2008-12-15).

WETZEL, D. (2008): Die Blockierer des neuen deutschen Stromnetzes. In: Welt-online. <http://www.welt.de/wirtschaft/article1537179/Die_Blockierer_des _neuen_deutschen_Stromnetzes.html> (Stand: 2008-01-10) (Zugriff: 2009-02-04).